AF311330

FONCTIONS

DE LA PEAU & DU REIN DANS LES PAYS CHAUDS,

Par le Dr A. JOUSSET,

lauréat de l'Académie de médecine.

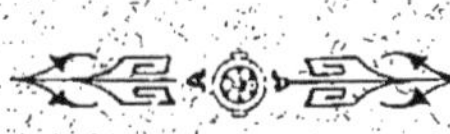

LILLE,

IMPRIMERIE L. DANEL.

1884.

FONCTIONS

DE LA PEAU ET DU REIN DANS LES PAYS CHAUDS,

Par le Dʳ A. JOUSSET,

lauréat de l'Académie de médecine.

Les ouvrages de physiologie contiennent peu de renseigne-
ments sur les fonctions de l'enveloppe cutanée et des reins
dans les pays avoisinant l'Équateur. Quelques expériences
faites dans des étuves plus ou moins chauffées, des observations recueillies dans la saison chaude des régions tempérées
ont permis de fixer les idées sur les effets des températures
élevées. Mais ces données ne peuvent expliquer ce qui se
passe dans les économies vivant toute l'année dans un milieu
lumineux, fortement chauffé, souvent saturé d'humidité et
surchargé d'électricité, comme l'atmosphère des climats tropicaux. La vie dans ce milieu, l'observation journalière, sont
seules capables de renseigner exactement.

Les recherches peuvent porter : 1° sur l'homme du pays qui
est le plus habitué au milieu, 2° sur l'européen que le courant
d'émigration a porté sur le côté de l'homme de race tropicale.

I

PEAU ET REINS CHEZ LES HOMMES DE RACES TROPICALES.

La physiologie de la peau et du rein, c'est-à-dire l'étude des deux principaux appareils de sécrétion, a été fort peu suivie chez les hommes de races tropicales. Les connaissances sur ces deux points se bornent à des données générales.

— La peau est un appareil complexe, qui se compose d'organes anatomiquement et physiologiquement distincts : La peau proprement dite, les organes producteurs des villosités, les glandes sudoripares, les glandes cutanées... Quelle est l'action de la chaleur sur chacun de ces départements ?

Le bain d'air chaud dans lequel l'homme des tropiques est incessamment plongé fait affluer le sang à la surface du corps et active les fonctions de l'enveloppe cutanée. C'est à cette excitation continuelle que l'on peut attribuer, avec Pruner-Bey, l'épaisseur des différentes couches et surtout celle du derme. Cette augmentation n'enlève pas la souplesse, puisque la surface cutanée est le plus souvent molle et satinée. La perspiration active produite par l'irrigation sanguine entretient cette souplesse et donne aux couches épidermiques une sensation de fraîcheur appréciable par le contact.

Suivant M. de Quatrefages, on a remarqué depuis longtemps que les races des pays chauds suent beaucoup moins que les races des pays tempérés. Le sang, appelé sans cesse à la périphérie de l'enveloppe cutanée, alimenterait moins les glandes sudoripares profondément placées et enfoncées dans le tissu adipeux. La perspiration suffirait et remplacerait la transpiration qui ne se montrerait qu'après un travail actif et l'exposition prolongée à la chaleur.

Les glandes sébacées placées plus superficiellement que les glandes sudoripares ont une irrigation sanguine plus active ;

elles prennent un grand développement et donnent à la peau l'odeur propre à certaines races. Il semble qu'il y ait un rapport entre cette odeur et la couleur des tissus.

Les bulbes pileux sont moins bien partagés que les glandes sébacées ; placés trop profondément pour que le sang les alimente, ils ne se développent pas. La surface cutanée des hommes des pays chauds porte peu de villosités ; chez le nègre africain, chez la plupart des hommes de races jaunes, on ne rencontre de poils que dans certains points privilégiés.

— La sécrétion urinaire a beaucoup moins attiré l'attention que les sécrétions cutanées. La quantité, la densité, la composition... tout est encore à approfondir. On a bien remarqué que les variations journalières dépendaient, comme dans les régions tempérées, du nombre des repas, du genre de l'alimentation, de la quantité des boissons, mais on n'a pas précisé les faits.

La quantité du liquide enlevé à l'économie par la perspiration influence la sécrétion urinaire. Le liquide de la miction est moins abondant ; il suit des fluctuations analogues à celles que l'on constate en été, dans les régions tempérées, c'est-à-dire il augmente le jour et il diminue la nuit. Plus concentrée, l'urine a le plus souvent une densité entre 1025 et 1030, elle est foncée en couleur, surtout quand le régime est presque entièrement végétal. L'urée, le chlorure de sodium et les autres principes subissent une diminution ; les phosphates et les sulfates paraissent seuls ne pas changer.

La pathologie des races tropicales contient peu de cas d'affections des reins. Les maladies de l'appareil urinaire sont rares chez les nègres (Chassaniol), un peu plus fréquentes chez les Hindous (Morehead, Webb...) ; mais elles sont loin d'occuper la place qu'elles tiennent dans la nosologie des régions froides.

II.

SÉCRÉTION RÉNALE. — PEAU ET FONCTIONS CUTANÉES CHEZ LES ÉMIGRANTS EUROPÉENS.

A. *Sécrétion rénale.* — La sécrétion rénale est-elle influencée quand l'homme d'Europe quitte son pays pour se transporter dans les régions chaudes thermiques et hyperthermiques ?

Les recherches faites dans les pays tempérés, au milieu des occupations de chaque jour, tendent à le faire admettre. Nous voyons en effet l'activité du rein diminuer lorsque les chaleurs de l'été augmentent la transpiration et augmenter lorsque l'hiver diminue les pertes par la peau.

		Sécr. cutanée.	Sécr. rénale.	Sécr. cutanée.	Sécr. rénale.
Hiver....	Onces angl^es.	7.047	9.018	3.549	6.653
Printemps	—	7.720	10.864	4.500	5.564
Été......	—	8.645	7.662	6.876	4.543
Automne .	—	7.350	8.287	4.749	4.515
		d'après Keil.		d'après Lining.	

Les chiffres de ce tableau parlent dans ce sens.

Les mêmes faits se reproduisent-ils quand un Européen se transporte rapidement dans les régions à températures élevées ?

Suivant le docteur Rattray, aucun organe ne serait plus sensiblement affecté par le changement de climat que le rein et la peau. Le sang serait appelé à la périphérie du corps par la chaleur, l'activité du rein diminuerait tandis que la peau fonctionnerait davantage.

Les meilleures conditions d'expérimentation pour éclaircir ce point sont de suivre un régime uniforme dans les régions tempérées ou froides et dans les régions chaudes, d'avoir le même degré d'activité dans les habitudes journalières, d'examiner la quantité et la qualité des sécrétions.

C'est en suivant cette méthode que le savant anglais a recueilli des données lorsqu'il allait d'Angleterre à Bahia. Limitant sa boisson à 39 onces anglaises ou 1213 grammes environ par jour, il vit l'urine diminuer et descendre dans les latitudes chaudes de 1213 grammes à 933 par période de vingt-quatre heures.

Les chiffres relevés, en observant un individu de 24 ans, se rendant de France au Sénégal et se soumettant au régime indiqué, conduisirent aux mêmes résultats. La quantité d'urine, de 1500 grammes en quittant les régions tempérées, tomba à 1160 grammes, dans les régions chaudes.

Dans un voyage de France à Saïgon, avec retour en France peu de temps après, le docteur Moursou est arrivé aux mêmes conclusions.

Le poids de l'urine était :

Dans la Méditerranée (temp. $12°3$) .... 1550^{gr}.3
— la mer Rouge et l'Ocean indien (temp. $26°4$) 1141
— l'Océan indien et la mer Rouge (temp. $26°7$) .... 1132 .6
— la Méditerranée (temp. $9°$) 1790

La température étant tombée de 26,7 à 9 au moment du retour, les urines augmentèrent, la quantité fut plus forte de 657 grammes. Le fait inverse s'était présenté dans la première partie du voyage.

Ces données prouvent que la quantité sécrétée dans les zones semi-tropicales est moindre quand la chaleur augmente, comme cela a lieu dans les régions tempérées.

La quantité des boissons ingérées peut-elle augmenter la sécrétion ?

La physiologie permet de le supposer. L'ingestion d'une forte quantité de liquide, en produisant une augmentation de la pression sanguine, amène une augmentation dans la quantité de l'urine, dans le chiffre de l'urée et des substances minérales.

L'observation journalière affirme ce fait, ainsi que le montrent les chiffres empruntés au travail du docteur Rattray. Observant dans les parages équatoriaux, près de la côte d'Afrique, ce médecin trouva qu'il augmentait le chiffre de ses urines en augmentant la quantité des boissons :

Par une température de 26°6, il trouva une quantité de 1135 grammes
—　　　　　27°2,　　　—　　　—　　　1166　—

chiffres analogues à celui qu'il avait relevé dans les latitudes tempérées, c'est-à dire 1213 grammes.

Ces données, résultats des deux jours d'expériences faites peu après l'arrivée sous la ligne et au moment des plus fortes chaleurs, furent obtenues avec une quantité de boissons de 88 onces anglaises ou 2737 grammes.

L'activité du rein peut donc être maintenue ; l'effet de la chaleur ne se fait sentir que dans les cas où la boisson est limitée. En graduant la ration des aliments liquides on peut, ainsi que le prouvent les chiffres suivants, obtenir les mêmes quantités sous l'équateur et dans les régions tempérées.

Dans la zone sud (lat. 33°), temp. 20°.... on recueillit 1117 grammes.
Dans la zone nord (lat. 53°), temp. 14°4 ...　　—　　1408　—
Près de l'équateur (lat. 5°), temp. 25°5 ...　　—　　1407　—

Ces quantités ne suivent pas les variations de la température ambiante, elles dépendent de la quantité des boissons.

Les organes de l'urination ne sont donc pas aussi inactifs que l'ont prétendu quelques auteurs. D'aucuns sont allés jusqu'à dire que la peau arrêtait le fonctionnement des reins, que ces organes restaient dans le repos le plus complet, qu'un séjour prolongé dans les pays chauds pouvait amener leur atrophie, que le retour en Europe ne ramenait pas l'urine à son état antérieur. Ce que nous venons d'étudier expérimentalement ne le prouve pas.

— La quantité de l'urine n'est pas la seule chose à examiner, il faut aussi examiner la qualité.

A quelle température l'urine est-elle émise ? Quelle est sa densité ? Quelle est la nature du liquide ?

La température du liquide urinaire est élevée, comme on

devait s'y attendre. Voici le résumé des chiffres enregistrés dans un voyage au Sénégal :

Moment de l'observation.	Température ambiante.	Nombre des observations.	Température des urines.		
			Max.	Min.	Moyenne.
6 heures du matin	20 à 21°	2	. . .	. . . .	37.40
10 heures —	23 à 24	2	. . .	. . . .	37.80
12 heures —	26	4	38.18	37.80	37.95
1 heure du soir	26 à 27	28	38.10	37.70	37.90
2 heures —	26 à 27	31	38.30	37.50	37.90
3 heures —	27	13	38.05	37.65	37.85
4 heures —	27	16	38.25	37.50	37.87
5 heures —	26 à 28	7	37.90	37.90	37.70
10 heures —	19 à 24	2	. . .	. . . .	37 80
Moyennes.	24 centigr.	107	38.13	37.60	37.60

37.80

Ainsi pour une température moyenne de 24°, la température des urines était de 37,80. Le maximum constaté fut 38,30 à deux heures de l'après-midi.

Dans ce tableau, comme dans ceux où nous avions étudié la chaleur de l'aisselle et de la bouche, les chiffres les plus élevés se sont trouvés aux heures les plus chaudes de la journée : entre 11 heures et 12 heures du matin, et 5 heures du soir.

Ces données ressemblent à celles relevées par Mantegazza allant du Brésil à Rio de la Plata et constatant jusqu'à 3°,25 de différence dans la température des urines, pour un changement de température ambiante de 25°.

Cet observateur avait déjà trouvé en Italie, de l'hiver à l'été, un changement de 1°,55.

— Quelques indications thermométriques recueillies à notre retour en France ont affirmé ce fait que : la température des urines est plus élevée aux pays chauds, surtout dans la période du jour où nous avons observé le maximum principal, c'est-à-dire cinq heures du soir. Nous ne pouvons donc admettre l'opinion de W. Ogle. Ce savant estimait que la différence était de 0°,01 au plus, à l'avantage de la saison froide.

— La densité est-elle en rapport avec la température du liquide ? Ces quelques chiffres n'indiquent pas une relation bien grande.

	Densité.	Température.
1er mai, 1 heure	1028	37.9
2 — 2 heures	1030	37.8
3 — 1 heure	1027	37.9
4 — 1 heure	1031	38.1
5 — 1 heure	1030	37.8
6 — 1 heure	1032	37.9
7 — 1 heure	1031.5	38.0
8 — 2 heures	1031	37.75
9 — 1 heure	1029	37.70
10 — 2 heures	1029	37.72
11 — 2 heures	1032	37.8
12 — 1 heure	1037	38.5
13 — 5 heures	1030	37.6
14 — 1 heure	1037	37.7
15 — 1 heure	1030	37.8

Ainsi le 12 et le 14 mai, pour ne prendre qu'un exemple, pendant que la quantité de boissons ne changeait pas, la densité des urines était la même, c'est-à-dire 1037. Le thermomètre plongé dans le liquide marquait 38° le 12 et 37°,7 le 14, lorsque la température ambiante oscillait entre 26 et 27 centigrades.

Ainsi que nous avons pu le constater, la densité des urines suivie pendant 15 jours au moment des fortes chaleurs, était entre 1027 et 1037. Ces chiffres étaient élevés, au-dessus de ceux qu'avait relevés le Dr Rattray : 1018 ^{3}/$_7$ dans ses observations près de l'équateur, au-dessus également de ceux que le Dr Moursou trouva dans un voyage d'aller et retour en Cochinchine.

La densité constatée par le dernier observateur était :

Dans la Méditerranée (temp. 12°5)	1015gr.3
— la mer Rouge et l'Océan indien (temp. 26°4)	1017
— l'Océan indien et la mer Rouge (temp. 28°7)	1018
— la Méditerranée (temp. 9°)	1010

En passant d'un climat tempéré dans un climat chaud,

le Dr Rattray constata une variation de 1017 à près de 1019, le Dr Moursou une variation de 1015 à 1017. La différence fut encore plus grande pour le voyage de retour du dernier. Quand cet observateur revint en France, la densité tomba de 1018 à 1010. Cet écart se rapproche de celui relevé par nous, 1027 à 1037.

Ces densités sont au-dessus des moyennes relevées dans nos contrées par les observateurs (1010 suivant Moursou ; 1017 suivant Becquerel ; 1018 d'après Rayer).

Cet écart entre les chiffres des densités se retrouve dans un tableau présenté par M. Rattray pour montrer et la quantité d'urine et la proportion des matériaux solides qu'elle contenait pendant un voyage de 34 jours sous les tropiques. Pour trois jours pendant lesquels le thermomètre fut entre 26,6 et 27°, les quantités du liquide furent 1524, 2208 et 1617 grammes, correspondant à un chiffre de matériaux de 32, 18.79 et 17.25 grammes. Le régime des boissons était pourtant resté le même, 2737 grammes pour une période de 24 heures.

— Ces résultats montrent que l'urination varie sous le rapport de la quantité et de la densité, même à peu de jours de distance, sous toutes les latitudes, et qu'il faut prendre une moyenne de plusieurs jours pour établir des comparaisons entre les données des pays tempérés et les données des pays chauds. L'abaissement doit être attribué à une diminution dans les ingesta autres que les boissons et à l'action concomitante des autres organes, surtout de la peau et du foie. Suivant M. Rattray et d'après nos recherches, cette diminution de la densité porterait non seulement sur l'urée et le chlorure de sodium, mais aussi sur tous les matériaux ordinaires des urines.

— Le Dr Moursou a essayé de pénétrer plus avant dans cette étude des variations des matières solides. Ce médecin a relevé :

Avec une température de 12°5 centigr. 51gr.44 pour 1550 grammes d'urine.
     —   26°4   —   45.04   —   1141   —
     —   26°7   —   46.31   —   1132   —

La quantité des matières extractives diminue ainsi d'un huitième pendant que la quantité du liquide diminue d'un quart. La densité s'accuse. mais l'économie se débarrasse par les urines d'une moins grande proportion de produits.

La diminution porte toute sur l'urée, tandis que le poids des autres matières reste stationnaire.

Dans les premières observations, il y avait 22gr.04 d'urée pour 51.44
—   secondes   —   —   15 . 57   —   45.04
—   troisièmes   —   —   14 . 65   —   46.31

Dans les trois séries, nous trouvons 29 à 31 grammes de matières extractives, l'urée fait pour ainsi dire tous les frais de la dépense. Ce produit semble même diminuer avec le temps du séjour dans les latitudes chaudes puisque le troisième groupe de recherches faites après une longue absence de France indique une plus grande diminution.

Ainsi, en passant d'un climat tempéré dans un climat chaud, la densité des urines augmente ; mais la quantité des matières extractives est moins élevée.

— Lorsque la chaleur fait sentir très violemment son action sur l'économie transplantée et produit une fièvre véritable, le liquide urinaire se charge encore plus ; il peut arriver à contenir de l'albumine, du sucre (1), de la graisse (2). Quand les accidents revêtent la forme du coup de chaleur, le sang peut être constaté. Ces cas rentrent alors dans le domaine de la pathologie.

— La diminution de l'urée dans les urines se retrouve après le retour aux pays tempérés. Ainsi le professeur Bouchardat

---

(1) On peut se demander si l'infection palustre ne peut être la cause d'un diabète momentané ou permanent.

Dans ses recherches sur les urines des paludiques , le Dr Rangé n'a que bien rarement trouvé du sucre et en bien petite quantité. (Voir *Arch. de méd. navale Paludisme et diabète*, août 1882, p. 139-146.)

(2) On trouve ce produit surtout dans la pimélurie ou galacturie. (Voir Bouchardat, *Hygiène*, p. 577.)

parle d'hommes en bonne santé qui arrivaient de Java, de Cuba ou de Rio de Janeiro, et qui ne produisaient en 24 heures que 17 à 22 grammes d'urée, tandis que les habitants de Copenhague, de Stockolm ou de Saint-Pétersbourg produisent, en arrivant à Paris, 38 à 42 grammes d'urée dans le même temps.

On aurait dû s'attendre à un résultat tout autre, ainsi que le dit le Dr Moursou, à une augmentation des déchets de la combustion intime dans les urines, surtout si l'on réfléchit que la suractivité nutritive qui suit toujours l'excitation du froid, n'a pu qu'augmenter les dépenses.

— La sympathie entre la peau et les reins est manifeste aux pays chauds ; la plus légère cause venant modifier les fonctions de l'une fait sentir son action sur l'autre. Si la sécrétion de la sueur devient moins active, le rein remplace la peau et élimine une plus grande quantité de liquide. Il ne faut pas pourtant que la suppression de la transpiration ait lieu brusquement, parce que le rein en souffrirait. Le Dr Corre attribue aux refroidissements certaines affections de l'appareil urinaire observées chez les sujets habitués aux fortes chaleurs et un peu débilités par elles.

— La sympathie entre les reins et le foie est moins appréciable ; elle existerait cependant, et l'on pourrait être renseigné sur l'état de l'organe hépatique, d'après quelques auteurs, en examinant la composition de l'urine. Les produits sulfurés augmenteraient en proportion notable dans les cas où le foie souffrirait.

La proportion de l'urée contenue dans le liquide peut renseigner sur l'état des voies biliaires et sur la fonction du foie (Charcot, Brouardel).

---

(1) *Journal de Chimie et de Pharmacie*, févr. 1881, p. 152. — MM. Lépine et Flavard, suivant les expériences de Ronalds, Voit, Meissner, Sertoli, Munk.... ont trouvé que l'urine pouvait donner, dans divers états pathologiques du foie, une augmentation de soufre incomplètement oxydé.

(V. dans Beaunis, *Phys.*, p. 537, *Désassimilation*, les recherches de Schultzen, Sertoli.

— Les relations entre le rein et le poumon, le rein et l'intestin, peuvent être mises en relief par l'application des recherches de Dalton sur les sécrétions.

Dans les cas où l'économie recevait un excès de liquide, 2737 grammes par exemple, le rein éliminait 1140 grammes. il restait 1497 grammes dont il faut rendre compte.

D'après les données formulées par le savant anglais, on peut admettre qu'un vingtième de la boisson (un peu plus de 4 onces anglaises) était évacué par la bile et par les intestins ; qu'un quart (ou 22 onces) était éliminé par la respiration ; que les 25 onces restantes étaient éliminées par la peau.

Ces chiffres nous donnent :

Pour la bile et l s intestins....	124 grammes et plus.	
Pour le poumon....	846 ·	—
Pour la peau	777	—

Ces chiffres approximatifs indiquent le degré d'activité dévolu à chaque département et les rapports qui existent entre eux. Ils prouvent en même temps que les reins restent toujours les premiers éliminateurs de l'excès d'eau sous les tropiques comme dans les régions tempérées. La peau vient immédiatement après.

B. *Peau et fonctions cutanées.* — La chaleur appelle le sang à la périphérie et tend à augmenter la vitalité de la peau. Ces faits sensibles au moment de l'été dans les régions tempérées, deviennent plus appréciables dans les pays chauds.

Lors de son arrivée l'Européen s'aperçoit d'une rupture dans l'équilibre des sécrétions. Les muqueuses deviennent plus sèches, la salive plus épaisse, l'urine plus dense, tandis que les sueurs se montrent avec une incroyable abondance. Les autres sécrétions de la peau, sébacées et pigmentaires, augmentent également.

Le professeur Fonssagrives estime que si l'on peut évaluer à 720 grammes la perte d'eau qui se fait en 24 heures par la peau aux régions tempérées, on peut doubler cette quantité pour les régions tropicales. La perte est d'autant plus active que le temps est plus sec et que l'air est plus fortement électrique.

Suivant le Dr Rattray, tandis que l'urine tomberait de 59 1/2 pour 100 à 42 pour 100, la transpiration monterait de 8 1/2 à 32.

Il est difficile de dire, dans cette quantité d'eau perdue par la peau, la part qui revient à la sécrétion sudorale et celle qui revient à une simple exhalation cutanée, comparable à l'exhalation pulmonaire. La pression des capillaires qui est augmentée tend à les rendre l'une et l'autre plus actives. Il est également impossible de dire si cette transpiration insensible suit la même marche que dans les pays tempérés, si dans ces fluctuations quotidiennes elle est abondante le matin, à son maximum avant midi, diminue ensuite pour avoir une recrudescence le soir avant le minimum le plus bas dans la nuit (C. Reil, Burdach). Le rôle de la peau est trop modifié pour que l'on puisse se prononcer.

Cette perte active par la surface cutanée est une des plus grandes causes de refroidissement. Suivant P. Bert elle serait capable de permettre aux animaux et à l'homme de résister aux températures les plus élevées. Nous pouvons avoir une idée du calorique qu'elle enlève à l'économie en appliquant aux régions tropicales les chiffres relevés par les physiologistes dans les régions tempérées. D'après Beaunis, la perte due à l'évaporation pourrait être représentée par le chiffre de 364 unités de chaleur ; celle due au rayonnement par le chiffre de 1823 unités ; la réunion de ces pertes équivaudrait à 2187 calories. En admettant que les pertes soient doubles aux pays chauds, d'après l'opinion de Guérard et de Fonssagrives, nous pouvons supposer que l'économie se débarrasse par la peau de 4000 calories et plus en 24 heures, quand l'air n'est pas trop hygrométrique. Ces données ne sont qu'approximatives, la chaleur de l'air, sa sécheresse, son agitation peuvent les modifier.

La sécrétion de la sueur, l'amas de gouttelettes liquides à la surface du corps, constituent un écran contre l'action irritante de la chaleur. Chaque gouttelette réfléchit et disperse les rayons lumineux et les rayons caloriques à la manière d'un miroir courbe, barre ainsi le passage qui conduit à la peau, par la peau à l'organisme entier. Le fait est sensible quand on renouvelle l'expérience de J. Davy, lorsqu'on prend une lentille biconvexe et que l'on fait converger les rayons solaires sur une peau sèche et sur une peau humide. Dans le premier cas on produit rapidement une brûlure, dans le second il y a tout au plus sensation de chaleur.

L'absorption des boissons augmente la transpiration, mais l'action sur la peau est moins manifeste que sur le rein comme nous avons pu le constater plus haut.

De nombreux produits sont éliminés par la sueur ; l'eau de la transpiration entraîne des déchets épithéliaux, des matières solides, des matières extractives, de la graisse, des sels .....

Les analyses de M. Favre ont prouvé que le rapport entre la quantité d'eau et les matières solides ne varie pas sensiblement aux diverses périodes de la sudation et quand on exagère les pertes par la peau. Nous pouvons donc supposer que la composition reste la même avec une plus grande proportion d'eau.

— Les sympathies de la peau avec les autres parties de l'organisme sont nombreuses. Avant de les détailler, il est peut-être bon de chercher quels sont ses rapports avec les autres appareils de sécrétions.

Le docteur Rattray, voulant savoir quelles étaient les quantités relatives d'excrétion par la peau, les reins, les poumons, les intestins, a réuni les chiffres suivants :

Organes.		Zones tempérées.	Tropiques.
Peau	environ	202^{gr}.15	840^{gr}.32
Reins.........	—	1407 . 27	1150 . 00
Poumons.	—	637 . 55	608 . 93
Intestins	—	116 . 62	136 . 84

La peau dont la sécrétion n'était représentée que par 1/12ᵉ, augmente dans son activité et monte à 30 p. 100, c'est-à-dire à peu près au tiers des sécrétions ; elle se place au second rang du troisième qu'elle occupait dans les régions tempérées. Le degré d'importance pourrait être indiquée de cette façon :

Zones tempérées.	Tropiques.
Reins.	Reins.
Poumons.	Peau.
Peau.	Poumons
Intestins.	Intestins.

La peau prend donc une plus grande importance dans les régions tropicales ; l'appel du sang à la périphérie, la dilatation des capilaires superficiels nous le faisait supposer.

— Les sympathies entre la peau et le rein ont été signalées plus haut. Les deux sécrétions varient en sens inverse et pour la quantité du liquide qu'elles jettent au dehors et probablement aussi pour les produits contenus dans le liquide. Le docteur Moursou, dans ses voyages d'aller et retour de France à Saïgon et de Saïgon en France, a pu recueillir des données affirmant ce fait.

— Les relations avec l'intestin et le foie sont aussi très appréciables. La suppression de l'exhalation cutanée amène fréquemment des flux abondants de l'intestin et des congestions hépatiques.

— Le jeu régulier de la peau fait sentir son action sur la respiration. Chossat a constaté que dans les cas de sécheresse de l'air, quand les pertes par la peau se faisaient facilement, la respiration était facilitée. Les respirations sont en effet plus libres dans un air sec que dans un air humide, parce que la peau fonctionnant régulièrement dans le premier cas vient en aide au poumon. La comparaison entre la fréquence des respirations dans nos comptoirs de Sénégambie et celle des respirations dans nos postes de l'Inde confirme cette assertion. L'air plus sec du milieu dans lequel nous observions les Hindous et les Européens vivant à côté d'eux, amenait des sudations fort abondantes, le nombre des mouvements respiratoires se tenait toujours à un chiffre moins élevé que dans nos comptoirs de Sénégambie et dans les Antilles. Le docteur Rattray a également pu constater que dans les pays tropicaux excessifs, là où la peau agit le plus énergiquement, où la transpiration sensible est la plus abondante, on note les moins grandes variations de la capacité pulmonaire. Le médecin anglais suppose que le sang appelé à la périphérie diminue dans les alvéoles pulmonaires et les rend plus perméables à l'air. La peau exaltée absorberait une plus grande quantité d'oxygène et éliminerait une plus forte portion d'acide carbonique, ce qui aiderait encore la respiration pulmonaire.

Les sympathies avec l'appareil respiratoire sont également à noter. La suppression de la sueur influence la pituitaire, la plèvre.... des écoulements par le nez indiquent une congestion pulmonaire, les nécropsies permettent de constater des épanchements séreux dans la péricarde et dans la plèvre.

— Les pertes par la transpiration se maintiennent le plus souvent dans des limites physiologiques; ce n'est que dans quelques cas exceptionnels qu'elles deviennent par leur abondance le point de départ d'épuisement et de fatigue. Abondantes dans les premiers temps du séjour, les sueurs sont plus rares quand l'Européen a pris l'habitude de la chaleur et arrangé sa vie pour ne pas exciter son enveloppe cutanée par le vêtement, l'action du soleil, les travaux exagérés.

La physiologie ne permet pas de supposer une anémie par sudation, la clinique confirme ces données négatives. Les sueurs les plus abondantes n'entraînent au dehors que 2.6 de substance minérale et 7.5 de substance organique (Krause) pour 800 à 1000 grammes d'eau, l'expulsion de ces déchets ne paraît pouvoir provoquer une altération du sang.

28

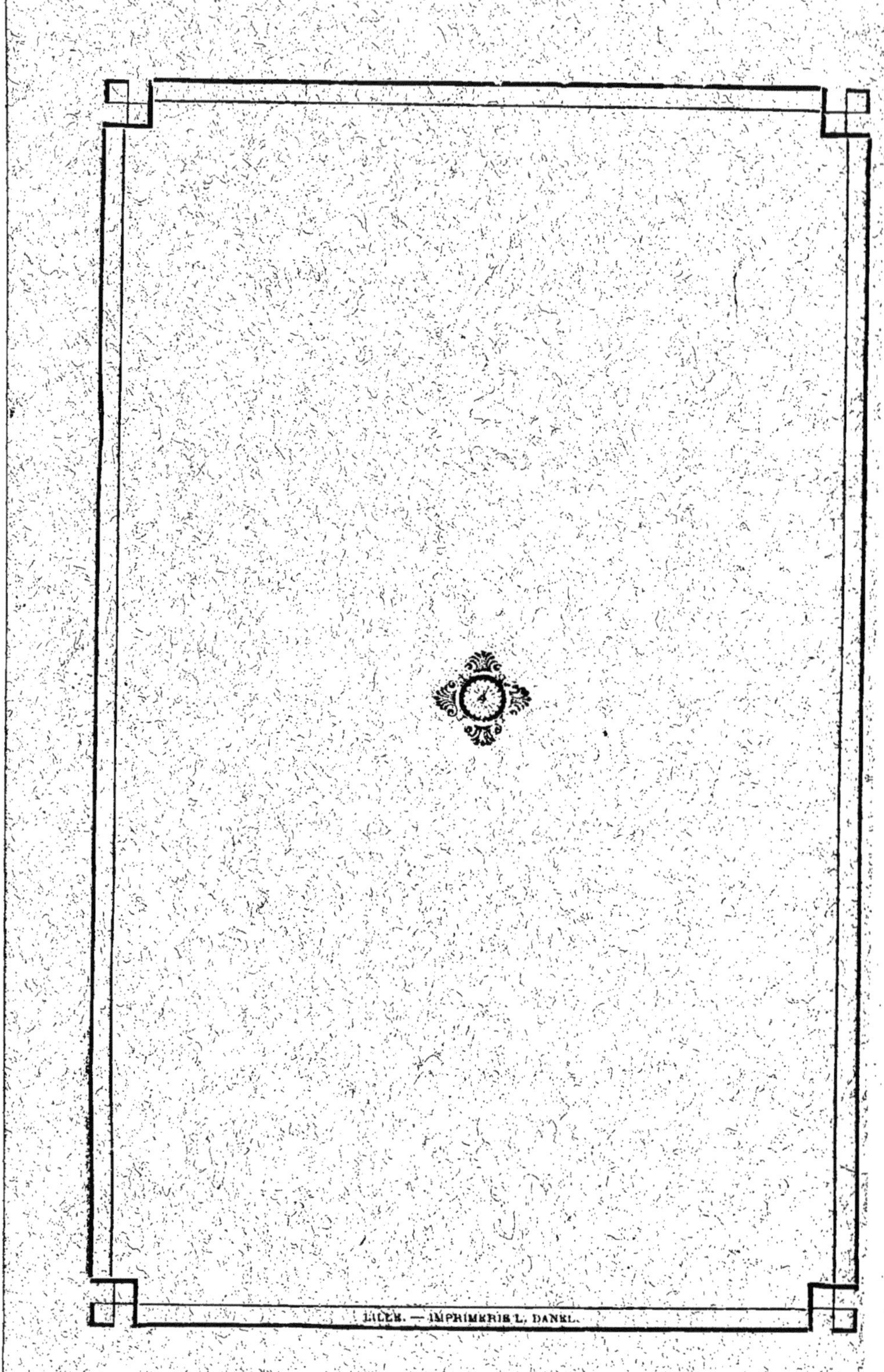

LILLE. — IMPRIMERIE L. DANEL.

www.ingramcontent.com/pod-product-compliance
Ingram Content Group UK Ltd.
Pitfield, Milton Keynes, MK11 3LW, UK
UKHW021718090726
13657UKWH00005B/2334